DRESSAGE

DES

CHEVAUX DE REMONTE

Paris. — Imprimerie de J. DUMAINE, rue Christine, 2.

L.-E. NOLAN.

DRESSAGE

DES

CHEVAUX DE REMONTE

TRADUIT DE L'ANGLAIS

PAR

SAVIN DE LARCLAUSE

Colonel du 44ᵉ dragons.

PARIS

LIBRAIRIE MILITAIRE DE J. DUMAINE

LIBRAIRE-ÉDITEUR

Rue et Passage Dauphine, 30

1872

INTRODUCTION

Ce système est une application de la Méthode Baucher au dressage des chevaux de cavalerie. Il repose sur un petit nombre de principes qui permettent à un cavalier ordinaire de dresser son cheval en deux mois. Le cavalier trouve dans les résultats qu'il obtient chaque jour un encouragement incessant; et le seul écueil contre lequel il doive se mettre en garde, c'est le désir d'arriver trop vite et de demander trop de choses à la fois.

Le temps du dressage est tellement diminué, que l'intérêt de ces exercices journaliers ne se ralentit jamais. L'homme travaille avec plaisir, et plus d'un cheval est ainsi préservé des effets nuisibles qui sont dus parfois à la mauvaise humeur des cavaliers.

Ce système évite aux jeunes chevaux la ruine qu'occasionne l'usage de la plate-longe, laquelle n'est plus nécessaire que pour quelques chevaux rétifs.

Grâce à la marche progressive du dressage, le caractère du cheval n'est jamais irrité. Ses allures sont augmentées; il devient obéissant, léger à la main, et le cavalier acquiert une grande confiance sur un animal qu'il sent complétement soumis à sa volonté.

En cas d'urgence, ce système permet à la cavalerie de mettre en moins de deux mois ses chevaux en état d'entrer en campagne.

OBSERVATIONS PRÉLIMINAIRES

I. — Santé et condition des chevaux. — Punitions, obéissance, [illegible] faiblesse. — Vices, ruer, se cabrer. — Cheval qui se [illegible] Chevaux peureux, qui font demi-tour, etc.

Il faut observer avec soin l'état de santé et la condition des chevaux, afin de ne pas les épuiser par des exercices trop violents. Ménagez leurs ressources et ne les surmenez jamais. Soignez leur caractère aussi bien que leurs jambes, car un cheval rétif ne vaut rien pour la guerre. Un jeune cheval ne doit jamais être puni que s'il est tout à fait rétif, et, même dans ce cas, il faut le traiter avec douceur dès qu'il se porte en avant, puisque c'est là ce que vous voulez obtenir de lui.

Lorsqu'un cheval résiste, examinez avec soin son harnachement avant de le corriger; sans cela vous vous exposeriez à le maltraiter sans raison.

On rend les chevaux obéissants par l'espoir des récompenses aussi bien que par la crainte des châtiments. L'emploi judicieux de ces deux mobiles est chose fort difficile, qui exige de l'intelligence, de la réflexion, beaucoup de pratique, et, en outre, un bon caractère. La force seule, sans l'adresse et le sang-froid, tend à confirmer les vices et la rétiveté. La résistance est souvent, chez le cheval, un signe de vigueur et d'énergie, que la punition peut faire dégénérer en vice.

La faiblesse d'un cheval peut le rendre vicieux quand ce qu'on lui demande exige de la force, et c'est pour cette raison qu'il faut savoir discerner de quelle cause provient la résistance que le cheval nous oppose.

On ne saurait être trop circonspect dans ses leçons, car le cheval a plus d'un moyen de résistance. Certains chevaux chercheront à gagner chaque jour quelque chose sur leur cavalier, qui devra néanmoins continuer à les traiter avec douceur, tout en leur montrant qu'il n'en a pas peur et qu'il veut rester leur maître.

Ruer est un défaut fréquent chez le cheval rétif. S'il rue sur place ou recule, il faut le porter vigoureusement en avant avec les jambes et la cravache. Mais s'il rue en avançant, il faut le retenir et le faire marcher longtemps à un pas très-ralenti. Le cheval n'a jamais plus mauvais caractère que s'il doit ce défaut à de mauvais traitements ou à des cavaliers ignorants.

Se cabrer est un vice grave, et particulièrement dangereux si le cheval est faible. Quand un cheval se cabre, le cavalier doit rendre la main, et le porter vigoureusement en avant au moment même où il retombe à terre. En ne saisissant pas ce moment-là pour porter le cheval en avant, on peut le faire renverser. Si ce moyen ne réussit pas, on place un homme à pied derrière le cheval pour le frapper avec une chambrière et le faire avancer. Les chevaux persistent rarement dans ce vice, parce qu'ils ont peur eux-mêmes de se renverser.

Lorsqu'un cheval se cabre, il faut que le cavalier embrasse l'encolure avec le bras droit, en avançant la main le plus près possible de la gorge du cheval, de manière à appuyer la poitrine sur le côté droit de l'encolure. Il évite ainsi le danger d'être blessé si le cheval venait à se renverser.

Les *écarts* proviennent souvent de la mauvaise vue du cheval, dont on doit examiner les yeux avec attention. Lorsqu'un cheval a peur, il faut l'amener doucement sur l'objet qui l'effraye, en le caressant à chaque pas qu'il fait en avant. Ce n'est que par une grande douceur que vous corrigerez un cheval de ce défaut, car si vous le punissez, la crainte du châtiment causera plus d'écarts que la peur de l'objet. Si vous laissiez passer le cheval près de ce qui l'effraye sans l'amener dessus, vous augmenteriez le défaut et l'encourageriez dans sa frayeur. Mais si le cheval fait demi-tour, vous devez le punir pour cette faute au moment où il tourne le dos à l'objet qui l'a effrayé; tournez-le ensuite et dirigez-le doucement vers cet objet. Ayez bien soin de ne jamais punir le cheval quand il a la tête tournée vers l'objet qui lui fait peur, et vous le guérirez promptement de faire demi-tour.

Lorsqu'un cheval cherche à vous serrer contre un mur, tournez-lui la tête au mur et jamais la croupe.

II. — *Les jeunes chevaux ne doivent pas être mis à part. — Harnachement. — Purgations. — Former les chevaux en reprises. — Reprise à part pour les chevaux faibles ou trop jeunes. — Emploi du caveçon. — Moyen d'éviter les accidents en montant un jeune cheval.*

Les chevaux de remonte doivent être versés dans les escadrons dès qu'ils arrivent au régiment. Ils s'accoutument ainsi à la vue du harnachement, au bruit des armes, etc., et les vieux chevaux, entre lesquels les jeunes se trouvent placés, leur donnent de la confiance en ne faisant aucune attention à ces objets.

Le vétérinaire examine aussitôt les jeunes chevaux qu'il est bon de purger avant de les mettre au travail. Les hommes les traitent avec douceur et les sellent sous la surveillance d'un sous-officier.

Pour le dressage, l'instructeur divise les jeunes chevaux en reprises de douze à seize chacune. Il met à part les chevaux trop jeunes ou trop faibles, et il en forme une reprise qui travaillera moins que les autres.

La première fois que les chevaux doivent être conduits au manége, ils sont sellés et en bridon. L'instructeur s'assure que les jeunes chevaux sont bien sellés, et qu'ils ne sont pas gênés par les sangles, la croupière, le poitrail, etc. Il fait ensuite monter les cavaliers à cheval, et ils se rendent en file au manége.

L'instructeur ne permet ni cris, ni bruit dans la reprise, et lui-même fait les commandements à voix basse pendant les premiers jours pour ne point effrayer les jeunes chevaux. Les reprises rentrent en file aux écuries. Si quelques chevaux sont intraitables, les cavaliers mettent pied à terre pour les reconduire au quartier; mais tous ceux qui marchent tranquillement sont conduits montés au manége et en reviennent de même, en file et à une longueur de distance.

Lorsqu'un cheval ne veut pas se laisser monter, mettez-lui un caveçon, placez-vous devant lui, et jouez avec la longe, que vous élevez de la main droite, en parlant au cheval pour attirer son attention, pendant que le cavalier se met doucement en selle. Ne permettez à personne de rester près du cheval pendant cette leçon, parce qu'il sera d'autant plus effrayé et plus difficile qu'il verra plus de monde autour de lui. Dès que le cavalier est en selle, tournez le dos au cheval et conduisez-le par le caveçon parmi les autres chevaux, dont il suivra promptement l'exemple. Il est nécessaire d'avoir quelques hommes à pied pour tenir et conduire les chevaux qui ne sont pas tranquilles une fois montés. Si un cheval s'immobilise, veillez à ce que l'homme qui veut l'entraîner ne tire pas sur la bride et ne le regarde pas en face, ce qui empêcherait l'animal de se porter en avant. Que l'homme tourne le dos au cheval, et ce dernier le suivra neuf fois sur dix.

Pour monter sur un jeune cheval, saisissez la crinière le plus haut possible avec la main gauche, et placez la main droite sur le pommeau de la selle, au lieu de la palette, pour vous enlever sur le dos du cheval. Si l'on met la main droite sur la palette, et que le cheval se lance en avant ou se traverse quand on passe la jambe, on perd son équilibre et l'on peut tomber, parce qu'on est obligé d'abandonner la palette avec la main droite pour se mettre en selle. En prenant au contraire le pommeau, on tient ferme des deux mains, la selle est libre pour recevoir le cavalier, et il peut s'y asseoir malgré les défenses du cheval.

LES CHEVAUX EN BRIDON

(Une leçon, 8 jours).

Cette leçon ne fait point partie du système de M. Baucher, qui commence de suite le travail en bride; mais l'expérience m'a prouvé que cette leçon préparatoire en bridon est très-utile au dressage. Je la regarde même comme absolument nécessaire au dressage des chevaux de troupe, bien qu'un cavalier isolé puisse s'en dispenser.

Amener le cheval à se porter en avant.

« L'instructeur recommande aux cavaliers de traiter leurs chevaux avec douceur; ce qui lui fera gagner du temps et atteindra son but. »

Pendant ces premières leçons, on met de vieux chevaux en tête de reprise comme conducteurs, et l'on attache à chaque reprise quelques hommes à pied pour ramener les chevaux à leur place quand c'est nécessaire.

Le premier point à obtenir, c'est de décider les chevaux à se porter volontairement en avant. Il faut pour cela les laisser marcher librement une ou deux fois autour du manége, en les caressant et les flattant; et l'on recommande aux hommes de ne se servir que de la cravache, jamais de l'éperon.

On commande ensuite « au trot! », et l'on fait trotter les chevaux le mieux qu'ils peuvent. Il y aura sûrement alors un peu de confusion, surtout au début, mais l'instructeur ne doit point pour cela faire passer de suite au pas, ce qui augmenterait le désordre. Il laisse trotter quelques minutes avant de faire prendre le pas et arrêter. C'est à ce moment-là que les hommes à pied sont utiles. Les cavaliers se mettent à l'aise sur leur selle, ils parlent à leur cheval et le caressent.

Pendant cette leçon, les cavaliers ont soin de ne pas entrer dans les coins du manége. Ils laissent la tête du cheval abandonnée à elle-même et ne se servent du bridon que pour rester en file.

Répétez le trot à main gauche et n'oubliez pas que le but qu'on se propose, c'est de décider le cheval à marcher. On ne doit pas chercher à régler l'allure, et on laisse trotter le cheval de toute sa vitesse sans s'inquiéter des distances.

Cette leçon ne dure qu'une demi-heure, et on la répète tous les jours jusqu'à ce que les chevaux trottent franchement. On obtient généralement ce résultat en huit ou dix leçons.

DU MORS DE BRIDE.

Description et avantages d'un mors doux. — La bouche des chevaux également sensible aux effets du mors. — Mors durs. — Raisons pour ne pas s'en servir.

Le meilleur mors pour tous les usages est un mors doux. C'est celui dont les branches sont d'une longueur moyenne, les canons pas trop minces, et dont la liberté de langue est suffisante pour laisser passer facilement la langue du cheval.

Un mors de cette espèce suffit pour conduire la plupart des chevaux, car c'est une erreur de croire que l'opposition que fait un cheval à la main du cavalier provient de la nature de sa bouche, et que certains chevaux ont la bouche beaucoup plus sensible que d'autres.

Les barres de tous les chevaux sont recouvertes de la même façon. Si un cheval est léger ou lourd à la main, cela ne saurait donc dépendre, ainsi que le croient certaines personnes, de la quantité de chair qui se trouve entre le mors et les barres. Le fait est que ce n'est pas la bouche du cheval qui est dure, mais bien la main du cavalier qui est mauvaise.

On a eu recours à plusieurs espèces de mors pour remédier à l'insuffisance du cavalier. Par exemple, si un cheval portait la tête au vent, on recommandait un mors à longues branches, pour que le levier plus puissant donnât la force de ramener la tête du cheval. Avec un instrument semblable, si l'on n'a jamais appris au cheval à céder à la pression du mors et à ramener sa tête, il ne manquera pas d'appuyer la mâchoire contre le mors pour diminuer la douleur qu'il souffre.

D'autres mors étaient de véritables instruments de torture, dont la pression excessive arrêtait la circulation du sang, engourdissait la bouche du cheval et la rendait insensible; ou bien le cheval devenait fou de douleur, toute la puissance des jambes du cavalier ne pouvait lui faire prendre ce mors, et le cheval restait toujours en dedans de la main.

Je recommande donc un mors doux et je vais apprendre à s'en servir de manière à obtenir l'obéissance.

LEÇON PRÉPARATOIRE.

« Les études premières bien comprises conduisent à l'érudition. » (*Passe-temps équestres.*)

Rendre le cheval docile et calme au montoir.

Avant de commencer les *flexions*, il faut donner au cheval une leçon préparatoire d'obéissance, pour lui faire comprendre le pouvoir que l'homme a sur lui. Ce premier acte de soumission est d'une grande utilité : il rend le cheval tranquille, le met en confiance, et donne au cavalier assez d'ascendant pour empêcher le cheval de lui résister.

Deux séances, d'une demi-heure chacune, suffisent pour obtenir du cheval ce premier acte d'obéissance.

Marchez droit au cheval, caressez-le sur l'encolure et parlez-lui. Prenez la rêne gauche de bride à quelques pouces du mors avec la main gauche, les ongles en dessous. Placez-vous ensuite à hauteur de la tête du cheval, le bras tendu, de manière à pouvoir lui opposer le plus de résistance possible s'il veut s'échapper. Si le cheval cherche à vous frapper ou à se cabrer, baissez-lui la tête. Si vous ne pouvez en être maître avec la bride, servez-vous du caveçon. Tenez la cravache de la main droite, la pointe en bas; levezla doucement et frappez légèrement le cheval au poitrail. Il cherchera naturellement à éviter la douleur et reculera pour fuir la cravache. Suivez-le en lui résistant, tout en continuant l'application de la cravache de la même manière, sans montrer de colère ni de dispositions à céder.

Le cheval, voyant qu'il n'évite pas la cravache en reculant, essaiera bientôt de s'y soustraire d'une autre manière en se portant en avant, et cette fois avec succès, car vous cesserez immédiatement de le frapper pour le caresser. Cette leçon, répétée une ou deux fois, a un succès prodigieux. Le cheval, ayant découvert le moyen d'éviter la punition, n'attendra pas le coup de cravache et se portera en avant au moindre geste. C'est d'un grand secours dans les leçons du montoir et les assouplissements, et cela donne plus de rapidité au dressage.

C'est, en outre, un grand avantage pour le cavalier militaire d'avoir un cheval qui vient à lui, qui le suit et se laisse toujours conduire.

LES CHEVAUX BRIDÉS.

PREMIÈRE LEÇON (SEPT JOURS).

Flexions à pied. — Apprendre au cheval à céder à la pression du mors, à suivre l'indication des rênes, et à se mettre en main. — Flexions à cheval, mise en main. — Manière d'agir avec les chevaux qui s'encapuchonnent. — De l'appui. — Apprendre au cheval à obéir à la pression des jambes. — En cercle sur l'avant-main. — Usage de la jambe du dedans.

Les chevaux, bridés, la gourmette assez lâche, sont conduits au manége et formés sur un rang. Les cavaliers mettent pied à terre au commandement et commencent la première leçon de flexions.

L'objet de ces leçons à pied est d'apprendre au cheval à obéir à la main; de lui faire comprendre qu'il faut qu'il tourne la tête à droite quand vous tirez la rêne droite, à gauche quand vous tirez la rêne gauche, et qu'il se mette en main, c'est-à-dire qu'il courbe son encolure et baisse le nez, quand vous agissez sur les deux rênes à la fois.

[illegible] ne peut pas ramener dans le reculer, ni en poussant [...] en rapport avec les diverses allures, le cheval [...] force à exécuter les mouvements qu'on lui demandera.

Le cheval essaye généralement de résister au mors, soit en [portant] l'encolure d'un côté ou de l'autre, soit en appuyant [la mâchoire] contre le mors, en levant le nez, ou en le baissant jusqu'[au poitrail]. Nous le rendrons maniable par les flexions à droite et à gauche et par la mise en main. Le cheval se défend avec succès contre cette dernière flexion en appuyant fortement la mâchoire inférieure sur le mors, et comme on ne peut rien contre cette défense tant qu'on n'a pas appris au cheval à céder à la main, nous devons commencer le travail par les flexions à pied. Nous verrons bientôt le cheval, qui n'obéissait que par force à la pression du mors sur les barres, céder à la moindre traction des rênes. Dès qu'il comprendra qu'il ne peut résister à l'action du mors telle qu'elle va être expliquée, le cheval obéira instinctivement, et l'habitude le fera ensuite céder à l'impulsion qu'il recevra de son cavalier.

Dans toutes les leçons de flexions, dès que le cheval mâche son mors, c'est une preuve qu'il ne résiste plus à l'action de la main; il faut alors le caresser et le laisser revenir à la position naturelle. Il est de la plus grande importance de ne jamais permettre au cheval de prendre l'initiative. « *Empêchez-le toujours de lever la tête, baissez les mains chaque fois qu'il le fait et ramenez la tête.* » Si le cheval s'encapuchonne, ou s'il se porte à droite ou à gauche, ramenez-le en le touchant au poitrail avec la cravache, placez-le droit et reprenez la leçon.

Voyez d'abord si le mors est bien ajusté et si vous pouvez passer un doigt sous la gourmette. Placez-vous ensuite en avant de l'épaule gauche du cheval, les pieds un peu écartés pour avoir plus [d'aplomb].

Prenez à pleine main la rêne droite de bride avec la main droite (la main fermée, l'anneau du mors entre le pouce et l'index), sousissez de la même manière la rêne gauche de la bride dans la main gauche. De façon que les boucles se trouvent, les rênes en dehors. Ramenez la main droite vers le corps, en tirant en même temps la main gauche, de manière à faire basculer le mors dans la bouche du cheval (voir *planche* 1). Il faut employer une force graduelle et proportionnée à la résistance qu'on rencontre, en observant avec soin de ne pas trop rapprocher du poitrail le nez du cheval, ce qui rendrait la flexion très-difficile. Si le cheval recule, continuez jusqu'à ce qu'il reconnaisse l'impossibilité de se soustraire à la gêne que lui cause le mors, ainsi placé de travers dans sa bouche, et qu'il se tienne tranquille en cédant à l'action du mors.

Prenez alors les rênes avec les deux mains à 16 centimètres du mors et amenez la tête verticalement près de l'épaule droite. Dès que le cheval mâche son mors, la flexion est complète (*planche* 2); vous cessez alors la tension des rênes et vous lui laissez reprendre peu à peu sa position naturelle.

Opérez de la même manière à gauche.

Prenez maintenant la rêne droite du filet avec la main droite par-dessus le garot du cheval, et la rêne gauche du filet avec la main gauche, à quelques pouces de l'anneau (voir *planche* 3). Baissez ensuite la main droite le long de l'épaule du cheval, en tendant la rêne droite jusqu'à ce que le cheval obéisse et fléchisse l'encolure à droite; passez alors la rêne gauche dans la main droite et caressez le cheval de la main gauche. Reprenez la rêne gauche pour ramener la tête du cheval en avant.

Opérez de la même manière à droite et à gauche avec les rênes de bride.

Mise en main, à pied.

Passez les rênes du filet en avant par-dessus la tête du cheval, saisissez-les de la main gauche en avant du nez du cheval pour l'empêcher de reculer. Prenez les rênes de bride avec la main droite, que vous ramenez ensuite vers le poitrail. Si le cheval cherche à changer de place, résistez de la main gauche; mais s'il ramène la tête et courbe l'encolure, cédez des deux mains et flattez-le. (Voir *planche* 4, *figure* 1.)

Opérez de la même manière des deux côtés, en ne tenant dans chaque main qu'une seule rêne (*planche* 4, *figure* 2).

Si le cheval veut lever la tête, empêchez-le en baissant les deux mains et ramenant la tête comme ci-dessus.

L'instructeur fait ensuite monter à cheval et exécuter les flexions d'encolure à droite et à gauche.

Pour la flexion à droite, placez l'index de la main droite sur les rênes droites de bride et de filet, la main basse, de manière que ces rênes droites soient courtes. Tirez alors vers vous avec la main droite jusqu'à ce que vous ameniez la tête du cheval à droite dans la même position que pour la flexion à pied. Quand le cheval mâche son mors, flattez-le et laissez-le reprendre sa position naturelle.

Pour la flexion à gauche, passez la main droite par-dessus la gauche, et placez l'index sur les rênes gauches pour opérer comme ci-dessus.

Il ne faut pas que le cavalier joue avec les rênes ou scie la bouche du cheval; il tire progressivement sur les rênes du côté où il veut amener la bouche du cheval, en sentant toujours la rêne du dehors.

L'instructeur expliquera aux cavaliers que le but qu'on se propose en amenant la tête à droite et à gauche n'est pas d'assouplir les articulations, ainsi que le disait faussement l'ancienne école, — car un cheval en liberté peut prendre sa queue avec les dents; — on veut habituer le cheval à tourner la tête du côté où l'on tire la rêne, et l'amener ainsi à obéir à l'indication de la main du cavalier, puisque le corps suivra naturellement la tête.

Il ne faut jamais permettre au cheval de prendre l'initiative. Quand sa tête est fléchie à droite ou à gauche, il ne doit pas la ramener de lui-même en avant; c'est la main du cavalier qui ramène la tête doucement et sans à-coup.

Mise en main à cheval (Planches 5 et 6).

Au commandement « *Mettez vos chevaux en main* » ou « *Rassemblez vos chevaux* » tournez le petit doigt de la main de la bride vers la tête du cheval, en baissant la main le plus possible; prenez les rênes de bride avec la main droite, les ongles en dessous, près de la main gauche; raccourcissez les rênes en les faisant glisser dans la main gauche, qui se fermera afin de permettre à la main droite de reprendre les rênes. Continuez ainsi jusqu'à ce que vous ameniez le nez du cheval au n° 10 de l'échelle (*planche* 6), et maintenez l'animal dans cette position.

Si le cheval résiste fortement, en levant le nez (*planche* 5), maintenez ferme les rênes, sans les raccourcir ni les allonger, en tenant les jambes près pour empêcher le cheval de reculer. Il est possible que le cheval reste quelques minutes ainsi, le nez en l'air et la machoire appuyée contre le mors, mais il finira par céder, baisser le nez et mâcher son mors. Caressez-le alors avec la main droite, rendez, et au bout de quelques instants recommencez la mise en main.

Le cheval apprend ainsi à se mettre en main et à ramener la tête, chaque fois que vous sentez les rênes de bride, et cela lui donne de la confiance. En effet, beaucoup de jeunes chevaux ont peur du mors, et si l'on commence par les effrayer par un à-coup des rênes, ils ne donneront jamais franchement dans la main, et n'auront pas l'*appui* nécessaire pour que le cheval travaille bien et avec assurance. Cet appui sert en outre à avertir le cavalier de ce que le cheval peut faire : s'il est trop lourd, c'est que le cheval n'est pas assez rassemblé; au contraire, le cheval est trop rassemblé, s'il travaille trop en hauteur.

Quelques chevaux exagèrent naturellement la mise en main et s'encapuchonnent. Pour corriger ce défaut, levez la tête avec le filet, tout en portant le cheval dans la main au moyen des jambes.

Il m'est arrivé souvent d'entendre vanter la bouche d'un cheval, et lorsque je le montais, je trouvais ce cheval en dedans de la main, c'est-à-dire ne voulant pas s'appuyer sur le mors. Cela indique généralement que le cheval a été mal monté. Un cheval qui n'appuie pas sur le mors est impropre au service de la cavalerie; ses allures sont inégales, et il ne vaut rien dans la mêlée et le combat singulier, parce qu'il tourne à droite ou à gauche, s'arrête ou s'en va avant que son cavalier puisse l'en empêcher. Ce défaut provient de ce que le cheval n'obéit pas aux jambes. Il faut qu'il donne dans la main toutes les fois que les jambes du cavalier pressent ses flancs. Mais si le cheval recule lorsque vous le rassemblez, ou s'il continue de reculer lorsque vous serrez les jambes pour arrêter ce mouvement et le porter en avant, c'est que le cheval est derrière la main, et il faut corriger ce défaut dès le début.

Ainsi, quand vous faites des flexions ou la mise en main, quand vous pirouettez autour de l'avant-main et cessez ce mouvement, si le cheval recule, vous devez toujours et sans exception lui faire reprendre sa position primitive. Il ne faut jamais faire reculer le cheval tant qu'il n'obéit pas aux jambes, sans quoi il prendra la mauvaise habitude de reculer, et il faudra ensuite beaucoup d'habileté et de persévérance pour le corriger de ce défaut, qui obligera parfois le cavalier de recommencer complétement le dressage.

L'obéissance à la main et aux jambes est la pierre fondamentale du dressage. Si le cheval obéit à l'une et pas aux autres, ou s'il n'obéit pas toujours aux deux à la fois, il n'est pas dressé.

2

Comment on apprend au cheval à obéir à la pression de la jambe.

Au commandement : « *En cercle à droite sur l'avant-main* » ! (Pirouette renversée) — (*Planche* 7) :

La tête du cheval restant droite, appuyez la jambe gauche derrière la sangle, très-doucement et sans toucher le cheval de l'éperon ; pressez la jambe gauche jusqu'à ce que l'arrière-main fasse un pas à droite, éloignez alors la jambe gauche et caressez. Répétez le même mouvement de manière à obtenir un second pas à droite, et ainsi de suite jusqu'au tour complet. Faites toujours une pause au demi-tour.

Dans cette leçon, le cheval ne doit pas reculer, son arrière-main pivote autour de l'avant-main.

En commençant ce mouvement, on recommande aux cavaliers de sentir la rêne gauche, et de toucher très-légèrement le flanc du cheval avec la cravache un peu en arrière de la jambe gauche.

« *En cercle à gauche sur l'avant-main* », mêmes principes et moyens inverses.

Ce doit être une règle invariable de ne jamais presser le cheval dans les leçons d'assouplissements.

Lorsque le cheval commence à comprendre cette leçon et cède volontiers à la pression de la jambe, le cavalier prend les rênes droites avec la main droite, le doigt du milieu entre la rêne de bride et celle du filet, et il fléchit légèrement à droite la tête du cheval, de manière que ce dernier voie tourner son arrière-main (*planche* 8). Appliquez la jambe gauche comme précédemment ; si le cheval n'obéit pas, servez-vous des rênes du même côté que la jambe, et ne prenez les rênes opposées que lorsque le cheval obéit à la jambe.

Tout cela doit être fait progressivement ; car si vous fléchissez la tête du cheval avant de le faire pirouetter sur l'avant-main, il résistera, parce qu'il trouvera le mouvement trop difficile ; mais en opérant graduellement, il y viendra bientôt.

C'est la jambe gauche de devant qui sert de pivot dans la pirouette à droite renversée ; c'est la jambe droite de devant dans la pirouette à gauche renversée.

La jambe opposée à celle qui chasse l'arrière-main doit être près du cheval pour l'aider à rester en place ; elle communique l'impulsion en avant pendant que l'autre jambe fait marcher le cheval de droite à gauche ou de gauche à droite ; mais pour que l'effet des jambes ne se contrarie pas, celle qui imprime le mouvement s'appuie derrière la sangle, et la jambe opposée sur la sangle même ou en avant.

Il faut toujours avoir les jambes près et augmenter la pression de l'une ou de l'autre suivant le cas. Les jambes se viennent en aide, mais elles ne doivent être placées en face l'une de l'autre que si l'on veut porter le cheval en avant ou travailler sur la ligne droite.

Au début de cette leçon, des hommes à pied sont utiles avec les chevaux qui ne restent pas tranquilles; ils aident le cavalier en prenant la rêne du filet du côté opposé à celui où doit marcher le cheval. Cependant on s'en passe dès qu'on peut.

L'instructeur met ensuite les reprises en file et leur fait faire un tour ou deux au trot à chaque main, avant de les reformer sur un des grands côtés du manége et sur la même ligne. Il recommande aux cavaliers de se servir, en commençant, beaucoup plus du filet que du mors, afin d'habituer progressivement les chevaux à la bride.

Chaque reprise est ensuite mise en cercle aux extrémités du manége, au pas, en arrêtant quelquefois, et recommandant toujours aux cavaliers de fléchir leurs chevaux du côté où ils marchent.

Expliquez aux cavaliers que la tête et l'encolure du cheval doivent toujours être ployées du côté où il travaille, afin de préparer le cheval aux demi-tours, aux cercles, etc., qu'il doit exécuter. Si le cheval n'obéit pas aux rênes de bride, fixez la main de bride et prenez les rênes du filet de manière que le cheval cesse de sentir l'action du mors.

Après quelques tours de manége et quelques cercles au pas, trotter en cercle quelques instants, changer de main sur le cercle, marcher large, doubler dans la longueur, cavaliers à droite et à gauche, marche ! — Halte !

Recommencez alors les flexions à pied et à cheval, en suivant la même progression, et rentrez au quartier.

Aussi longtemps que durent les cinq premières leçons, il faut que les chevaux, bridés et non sellés, soient conduits au manége dans l'après-midi, si les leçons ont lieu le matin, et on leur fait des flexions à pied pendant un quart d'heure seulement.

Les explications font paraître cette première leçon plus longue qu'elle ne l'est réellement. Par le fait elle ne demande pas plus de trois quarts d'heure, et aucune leçon donnée à de jeunes chevaux ne doit durer davantage, si c'est possible.

Les jeunes chevaux étant ombrageux, il ne faut pas les former en face les uns des autres lorsqu'on forme deux reprises, avant qu'ils soient bien en main. En attendant, on fait doubler les conducteur dans la longueur du manége; l'une des reprises se forme par un à-droite et l'autre par un à-gauche.

DEUXIÈME LEÇON (SEPT JOURS).

En cercle sur les hanches (Pirouettes).

Les reprises étant formées sur un seul rang comme ci-dessus, on consacre quelques minutes seulement aux flexions à pied. On fait ensuite monter à cheval, et exécuter les flexions à droite et à gauche, la mise en main, les pirouettes renversées à droite et à gauche. Quand ces exercices ont été bien exécutés une ou deux fois, on passe aux cercles sur les hanches.

En faisant pivoter le cheval autour de son avant-main, nous lui avons appris à mouvoir les hanches à la pression de la jambe; il sait donc obéir aux jambes, et nous allons nous servir de cela pour lui apprendre à tourner autour de ses jambes de derrière comme pivot, ce qui l'amènera en quelques leçons à exécuter la *pirouette*. La pirouette est l'air de manége le plus utile au cavalier militaire, parce qu'il lui permet de tourner en un clin d'œil son cheval à droite, à gauche ou en arrière, dans un combat corps à corps, et à remporter ainsi l'avantage sur son adversaire.

Le dragon ne doit jamais oublier que dans une lutte à cheval ce n'est pas le plus fort mais le plus adroit qui doit vaincre; un habile cavalier triomphera presque toujours d'un ennemi qui ne saura pas manier son cheval, quelque fort que soit cet ennemi.

Au commandement « *en cercle à droite sur les hanches*, » fléchissez légèrement la tête du cheval à droite avec la bride, et passez la main droite par-dessus la gauche, pour la placer sur la rêne gauche du filet. La main droite est ainsi placée non-seulement pour aider le cheval, mais en outre pour faire comprendre au cavalier la nécessité de se servir de la rêne du dehors dans ce mouvement. Quand le cheval est dressé, il suffit de porter la main de bride du côté où l'on veut tourner. Appliquez la jambe gauche en arrière de la sangle pour maintenir les hanches.

Au commandement « *marche*, » faites marcher à droite les jambes de devant, en sentant la rêne gauche du filet et portant en même temps les deux mains un peu à droite; dirigez le cheval avec la jambe droite et maintenez-le avec la gauche. Dans le cercle à droite sur les hanches, le cheval pivote sur la jambe droite de derrière; dans le cercle à gauche, c'est sur la jambe gauche. (Voir *planche* 9).

Au début, il faut arrêter le cheval trois ou quatre fois dans chaque tour et le caresser; si les hanches se jettent en dehors, il faut les ramener en place avec la jambe du dehors. En agissant progressivement dans cette leçon, on amènera le cheval à pirouetter à chaque main sur les hanches, sans toucher terre avec l'avant-main.

Donner ensuite la leçon du trot comme dans la première leçon, former les reprises sur un rang, et répéter les flexions à pied et à cheval.

TROISIÈME LEÇON (SEPT JOURS).

Reculer. — Mettre les chevaux en main avec l'éperon. — Les perfectionner dans les leçons du trot et les flexions.

Commencez cette leçon par des pirouettes renversées et des pirouettes sur les hanches; mettez ensuite les chevaux en main et donnez la leçon de l'éperon.

De l'usage de l'éperon.

On n'a considéré jusqu'à présent l'éperon que comme un moyen de châtiment, qu'on emploie lorsque le cheval refuse d'obéir aux jambes, ou pour l'obliger de s'approcher d'un objet qui l'effraie. C'est au contraire l'aide la plus puissante que possède le cavalier, et sans laquelle il n'est pas possible de dresser parfaitement un cheval. Ce n'est que par l'emploi gradué et judicieux de l'éperon que l'on peut réduire à l'obéissance les chevaux très-ardents, vicieux, ou d'une très-grande énergie, que leur caractère dispose à se soustraire à la contrainte du mors, en dépit de la main la plus vigoureuse. Au moyen de l'éperon, combiné avec une bonne main, vous pourrez au contraire perfectionner le dressage des chevaux les plus intraitables, et donner du courage aux plus indolents. Mais, pour donner de bons résultats, cet emploi de l'éperon exige beaucoup de prudence et une connaissance parfaite du cheval.

Notre but est de concentrer les forces du cheval en leur centre de gravité, c'est-à-dire entre l'avant-main et les hanches, et nous l'atteindrons par l'action combinée de la main et des jambes.

Nous avons déjà les moyens de maintenir le cheval droit, ce qui est indispensable pour appliquer l'éperon. En effet, si le cheval n'est pas droit, il jettera les hanches à droite ou à gauche à la première application de l'éperon au lieu de concentrer ses forces sous lui en grandissant l'avant-main et en engageant ses hanches.

Mais ce qui est encore plus important, c'est d'avoir assez de jugement et de connaître assez bien le caractère du cheval, pour ne pas lui imprimer avec l'éperon une impulsion plus forte que celle que nous pouvons facilement contenir avec la main.

Supposez, par exemple, que le cheval, marchant au pas pèse à la main cinq livres ; en fermant les jambes, vous sentirez l'effet de l'impulsion que vous imprimez au cheval dans une augmentation de poids à la main, et ce poids augmentera en raison de l'impulsion donnée.

Quand vous sentez cette augmentation de poids à la main de bride, n'y cédez pas, et tenez au contraire la main basse et ferme, en sentant la rêne droite du filet. Le cheval, trouvant dans le mors un obstacle insurmontable, apprendra par degrés à ramener les hanches sous lui quand il recevra l'impulsion de la jambe, au lieu de jeter son poids en avant. Mais si la première fois vous enfonciez les éperons dans le flanc du cheval au lieu de fermer doucement les jambes, l'impulsion violente que vous lui donneriez ainsi lui ferait porter tant de poids en avant qu'il vous arracherait probablement les rênes des mains ; vous auriez dépassé le but dès le commencement, et le cheval ayant réussi à échapper à votre contrôle en jetant son poids en avant, à la première application de l'éperon, recommencerait toujours la même défense.

C'est pourquoi il faut appliquer l'éperon avec précaution et délicatesse.

Le cavalier, fermant les jambes, met les molettes de l'éperon tout près du flanc, et au commandement « Eperonnez ! » prononcé d'une voix calme, il touche simplement le flanc du cheval, et il assure en même temps la main de bride, pour former une opposition égale à l'impulsion que l'éperon communique.

Caressez ensuite le cheval et calmez-le, en ayant soin de le replacer droit s'il a jeté l'arrière-main à droite ou à gauche.

Quand vous appliquez l'éperon, le cheval étant en mouvement, arrêtez-le pour le calmer.

Augmentez par degrés l'action de l'éperon jusqu'à ce que le cheval le supporte sans se porter sur la main, sans augmenter son allure, ou sans se mettre en mouvement s'il est de pied ferme.

Si le cheval rue à l'éperon, cela prouve que son poids est trop en avant ; s'il se cabre ou fait un saut de mouton, le poids est trop sur les hanches. Le cavalier doit donc s'efforcer de mettre le poids entre les deux, et le cheval est alors équilibré.

Cette leçon, bien donnée, a beaucoup d'effet moral sur le cheval, ce qui accélère son dressage.

Si l'impulsion donnée par la jambe ou l'éperon est toujours contrôlée par la main, la douleur qu'éprouve le cheval est toujours en raison de la résistance qu'il oppose. Son instinct lui apprendra bientôt qu'il peut diminuer et même éviter la douleur en cédant de suite à ce qu'on lui demande, et il ne tardera pas à se soumettre.

Il y a de grands inconvénients à se servir d'éperons acérés pour le dressage. Ils piquent, chatouillent et apprennent au cheval à ruer, à s'appuyer sur la jambe et à fouetter de la queue. Si l'on éperonne avec force, le cheval fuit l'éperon au lieu de se porter dans la main. Je recommande donc d'avoir des éperons émoussés pour dresser de jeunes chevaux, ou d'envelopper les molettes d'éperons trop acérés, jusqu'à ce que le cheval sache accepter l'éperon et lui obéir comme à toute autre aide.

Les cavaliers arriveront par cette leçon à éviter plus d'un accident dans le rang. En effet, un cheval qui n'est pas dressé à l'éperon rue presque toujours quand on l'éperonne volontairement ou non; au contraire, si le cheval a appris à accepter systématiquement l'éperon, il se portera dans la main quand les deux éperons seront appliqués à la fois, ou de côté si un seul éperon le touche.

Répétez ensuite la leçon du trot sur deux reprises, et après quelques tours de manége, cercles, etc., passez au pas. Arrêtez les reprises quand elles se font face et commencez-le

Reculer.

Tous les jeunes chevaux éprouvent plus ou moins de douleur et de difficultés à reculer. Au lieu de marcher droit en arrière, ils jettent les hanches d'un côté ou de l'autre et ramassent sous eux leur arrière-main; ou bien ils pèsent tout à coup sur les jarrets, s'effraient ou s'irritent, et rendraient dangereux cet exercice.

Si le cheval ne recule pas franchement et droit, le poids du cavalier lui cause de la douleur, ce qui excite l'animal à résister à la main et aux jambes.

Pour éviter ces dangers, mettez pied à terre et préparez de la manière suivante le cheval à comprendre ce que vous voulez de lui.

Placez le cheval sur la piste, prenez d'une main les rênes du filet, et tenez de l'autre la cravache parallèle au cheval du côté du manége.

Faites ensuite la mise en main, et maintenez la tête basse, ce qui a pour effet d'empêcher le cheval d'engager ses hanches sous lui; faites-le alors marcher doucement en arrière en pressant le mors contre le poitrail; ne faites que quelques pas à la fois, en maintenant le cheval sur la piste, et répétez cet exercice aux deux mains. Le cheval recule avec une facilité relative lorsqu'il ne porte aucun poids, et quand il sera monté, il sera déjà préparé à comprendre ce qu'on veut de lui.

La grande utilité du reculer n'a jamais été bien comprise, et conséquemment il n'a jamais été bien pratiqué.

Il ne faut demander le reculer que lorsque le cheval est bien assoupli de l'avant et de l'arrière-main, et qu'il obéit à la pression des jambes. Quand il recule, le cheval doit être équilibré et bien en main, ce qui lui permet de se servir également de ses quatre membres et de les lever du sol aussi facilement les uns que les autres. Avant de reculer, assurez-vous que votre cheval est droit, qu'il a la tête placée et légère à la main; fermez alors les deux jambes, en sentant fortement les rênes de bride et du filet, pour faire lever au cheval une jambe de derrière; c'est à ce moment (voir *planche* 10) que l'action simultanée des deux rênes oblige le cheval à reprendre son équilibre en marchant en arrière, et opère ainsi le premier mouvement du reculer. Replacez alors le cheval droit s'il ne l'est plus, puis rendez et caressez.

Il suffit d'exercer le cheval à reculer pendant huit jours pour qu'il le fasse avec la plus grande facilité.

Il ne faut d'abord demander au cheval que quelques pas en arrière, en augmentant ensuite progressivement. Si le cheval engage trop sous lui les jambes de derrière, rendez la main et fermez les jambes pour lui faire porter le poids en avant. C'est pour cette raison qu'il faut toujours employer les jambes avant la main, parce que si vous commencez par tirer sur les rênes, le cheval porte son poids en arrière, et il est clair que plus il charge ses jambes de derrière, moins il a de facilité pour les lever et exécuter le mouvement préparatoire indispensable pour reculer. Ayez donc bien soin de conserver le cheval en équilibre, et s'il lève le nez en serrant la queue, et portant ainsi tout son poids sur l'arrière-main, n'essayez pas de le faire reculer avant de l'avoir redressé et remis en équilibre au moyen des jambes ou de l'éperon.

Ne permettez jamais au cheval de précipiter le mouvement, de sortir de la main ou de la ligne droite.

On arrête fréquemment les cavaliers pendant les leçons du pas, du trot et de flexions, et on les fait reculer. Chaque homme opère d'une manière indépendante jusqu'à ce que tous les chevaux reculent bien.

Quand les chevaux obéissent bien à la main et aux jambes, placez-les l'épaule en dedans et ne leur demandez d'abord que quelques pas; empêchez les cavaliers de presser les chevaux en passant les coins, et veillez à ce que la rêne du dehors dirige les épaules.

Consacrez maintenant toute votre attention à ce que les cavaliers conservent bien leurs chevaux en main et se maintiennent à leurs distances au moyen de la main et des jambes. Exigez que dans les cercles, au passage des coins, etc., ils placent la tête et l'encolure du cheval dans la nouvelle direction avant de quitter la piste. Perfectionnez les leçons du trot et d'assouplissements. Arrêtez souvent les reprises sur les pistes pour faire exécuter le demi-tour sur les hanches au commandement : « *Demi-tour sur les hanches,—ou demi-pirouette,* — MARCHE ! »

Formez enfin les reprises et terminez par les mêmes flexions qui ont commencé la leçon, notamment : « cercles sur l'avant-main — sur les hanches — mise en main — éperon. »

DES ALLURES.

LE PAS, LE TROT ET LE GALOP.

Faire partir le cheval au galop à chaque main. — Cheval qui galope faux ou désuni.

Le pas.

M. Baucher ne commence pas le trot avant d'avoir perfectionné le cheval au pas; mais l'expérience m'a démontré qu'il vaut mieux que les leçons du trot accompagnent celles du pas, bien qu'il soit bon de faire exécuter correctement chaque mouvement au pas avant de le répéter au trot.

Avant de porter votre cheval en avant, il faut qu'il soit léger à la main, qu'il ait la tête placée, l'encolure arquée, et que son poids soit également réparti sur les quatre membres.

Fermez les jambes pour porter le cheval en avant, mais gardez-vous bien de rendre la main en même temps, parce que si vous le faisiez, la tête et l'encolure pourraient reprendre une position qui défierait le contrôle de la main.

Sentez toujours légèrement les rênes, et si le cheval s'appuie trop sur le mors, tenez la main ferme et serrez les jambes de manière à forcer le cheval à engager les hanches et à moins peser à la main.

Le Trot.

Le cheval trotte lorsqu'il lève à la fois du sol le bipède diagonal. Il faut commencer par un trot très-cadencé avant de passer aux allures plus vives où il est plus difficile de conserver le cheval en équilibre.

Pour rendre le cheval plus adroit, il faut le faire trotter à l'extérieur en allongeant l'allure; mais il ne suffit pas qu'il trotte vite, et il faut que la vitesse de l'allure ne diminue rien de la légèreté à la main, ou de la facilité avec laquelle le cheval doit obéir à la main et aux jambes.

La main doit agir constamment pour maintenir la tête et l'encolure dans une position convenable, sans contrarier l'impulsion imprimée par les jambes. Le cheval acquiert ainsi plus de régularité et de vitesse dans son allure, avec la sûreté que possède naturellement un cheval bien équilibré et léger à la main.

Le trot allongé dont nous voulons parler n'exclut pas l'obéissance à la main et aux jambes, et il ne faut pas le confondre avec la vitesse qu'on obtient dans les courses au trot, en amenant le cheval à se mettre sur les épaules et à s'appuyer sur la main.

Si le cheval prend le galop, pour le remettre au trot servez-vous de la main et de la jambe du côté où il galope, et sentez en même temps les deux rênes pour ralentir son allure. Exemple : si le cheval galope sur le pied droit, employez la rêne et la jambe droite, cela forcera le cheval à reprendre le trot, car il ne peut pas galoper sur le pied droit et gagner en même temps du terrain vers la gauche sans croiser ses jambes, et l'effet de la jambe et de la rêne droites est précisément de placer le cheval en travers de la ligne qu'il suivait.

Le Galop.

C'est une succession de bonds dans lesquels l'avant-main s'enlève la première et plus haut que l'arrière-main.

Le cheval étant placé, léger à la main et bien équilibré, portez son poids de l'avant-main sur les hanches (en augmentant la pression des jambes tout en retenant avec les rênes), et jetez le poids du cheval sur le côté opposé à celui où vous voulez partir au galop. Par exemple, si le cheval doit lever d'abord la jambe droite de devant, puis la jambe droite de derrière (galop à droite), portez son poids sur le côté gauche, et principalement sur la jambe gauche de derrière que vous fixez, pour ainsi dire, au sol. Cela s'obtient en sentant également les deux rênes vers la gauche et fermant la jambe droite. La tête du cheval reste placée à droite, et la jambe gauche ne sert qu'à l'empêcher de jeter les hanches à gauche. Les jambes de devant se trouvent ainsi libres, et l'impulsion oblige le cheval à s'en servir.

Un cheval peut galoper faux, désuni du devant ou du derrière.

Galop à droite : 1° le cheval galope faux s'il lève d'abord la jambe gauche de devant, puis la jambe gauche de derrière;

2° Il est désuni du devant s'il entame le galop avec la jambe gauche de devant;

3° Il est désuni du derrière quand la jambe droite de derrière reste en arrière de la gauche.

Dans le premier cas, le cheval a réussi à partir du pied gauche en portant son poids sur les jambes droites. Pour rectifier, sentez les deux rênes à gauche (ce qui veut dire : portez le poids du cheval sur la partie gauche, en le laissant placé à droite), fermez fortement la jambe gauche pour faire engager l'arrière-main, et essayez de replacer le cheval dans le galop à droite.

Dans le second cas, fermez les deux jambes pour engager l'arrière-main et vous permettre d'enlever plus facilement l'avant-main; portez le poids du cheval à gauche pour charger la jambe qui entame le galop, et amener le cheval à porter en avant la jambe droite de devant.

Dans le troisième cas, fermez fortement la jambe gauche, en tenant la main ferme. Ce mouvement, qui porte le poids de l'arrière-main du côté où galope l'avant-main, gênera tellement l'action de la jambe gauche de derrière que le cheval sera forcé de changer de pied du derrière. Il faut tenir la jambe droite près pour aider le cheval à reprendre son aplomb.

Dans tous les cas, maintenez bien la tête du cheval, sans lui permettre de peser à la main; sans cela, la jambe seule imprimerait l'impulsion en avant, et l'effet sur l'arrière-main serait perdu.

Placez toujours le cheval avant de partir au galop.

Faites-le partir au galop à droite, d'abord sur un cercle, et ensuite sur la ligne droite.

Répétez le galop à gauche; puis apprenez-lui à changer de pied.

Quand le cheval est assez bien dressé, quand il est assez soumis à la main et aux jambes pour ne faire aucun mouvement sans votre volonté, toutes ses forces sont à votre disposition; vous pouvez porter son poids alternativement sur chaque membre et changer de pied à chaque foulée.

Tout le secret pour cela, « c'est d'enlever le poids du cheval de la jambe dont vous voulez qu'il parte. » C'est le seul moyen établi sur les principes et le bon sens. Mettez-vous vous-même à quatre pattes, portez votre poids sur la main et la jambe gauches, puis essayez de vous porter en avant et vous verrez alors que vous serez obligé d'avancer la main et la jambe droites.

J'ai expliqué comment on fait partir le cheval au galop à droite ; pour le galop à gauche, mêmes principes et moyens inverses.

QUATRIÈME LEÇON (CINQ JOURS).

Cercles sur l'avant-main et sur les hanches. — Reculer, et mise en main au moyen de l'éperon. — Perfectionner les chevaux dans les leçons de trot et de flexions.

Quand vous en êtes arrivé à ce point du dressage, exécutez des cercles autour des épaules, en ayant soin d'arrêter le cheval à chaque pas avec la jambe du dedans et la rêne du dehors ; faites une pause : sentez les deux rênes, fermez les jambes et poussez le cheval sur la main ; relâchez ensuite la main et la jambe, faites faire aux hanches un autre pas, arrêtez de nouveau, faites la mise en main et fermez les jambes. Et ainsi de suite.

Cet exercice est de la plus grande utilité ; il empêche le cheval de s'habituer à faire tourner rapidement ses hanches ; il le rend obéissant en lui apprenant à ne pas céder à l'habitude, et à n'avoir pour guides que la main et les jambes du cavalier ; il accoutume en outre le cheval à se rassembler à tous les instants, de manière à être toujours prêt.

J'appelle donc particulièrement l'attention sur cette leçon, qui donne les meilleurs résultats. Dorénavant, dans toutes les positions où il sera placé, après chaque impulsion communiquée par le cavalier, le cheval cherchera de lui-même à se rassembler, et le cavalier devra le maintenir et le confirmer dans ces dispositions en l'aidant le moins possible.

Je n'ai pas besoin d'insister davantage sur les résultats qu'on obtient de cette leçon si simple.

Avant de mettre les reprises en mouvement, commandez : « *Rassemblez vos chevaux !* » prévenez les cavaliers de fermer les jambes et d'approcher l'éperon le plus possible sans toucher le cheval.

Commandez « *Eperonnez!* » après avoir dit aux cavaliers de tenir la main de bride basse et ferme, et d'appliquer d'abord l'éperon très-doucement. Le cheval ne doit pas bouger de place, mais simplement arquer son encolure. Répétez cela deux ou trois fois, en calmant toujours le cheval après l'avoir éperonné.

Répétez cet exercice à quelques intervalles dans le cours de cette leçon.

Pratiquez souvent le reculer, après avoir arrêté les reprises en face l'une de l'autre dans un doublé dans la largeur. Ayez bien soin que les hommes appliquent les jambes avant de tirer sur les rênes pour reculer. Veillez à ce qu'ils restent droits en selle, ne se pressent pas, et se contentent de faire chaque fois un seul pas en arrière.

Faites faire ensuite successivement à chaque reprise quelques tours au galop à droite sur le cercle. Formez les reprises et terminez la leçon comme vous l'avez commencée. Avant de rentrer à l'écurie, faites mettre pied à terre et répéter les flexions à pied.

Je crois nécessaire de dire pourquoi je ne fais galoper les chevaux qu'à main droite dans la première leçon du galop.

Il est généralement plus difficile d'apprendre au cheval à partir du pied droit que du pied gauche, parce que le cheval en liberté part presque toujours du pied gauche et ne change de pied que pour tourner à droite. C'est pour cela que je fais galoper le cheval à droite pendant quelques jours avant de le faire galoper à gauche.

Comme le cavalier attaque son ennemi avec la main qui tient le sabre, il est très-important qu'il puisse faire partir facilement son cheval du pied droit.

CINQUIÈME LEÇON (SEPT JOURS).

Répéter la quatrième leçon. — Eperonner en marchant. — Pirouetté sans toucher terre des pieds de devant. — Galoper aux deux mains.

Dans cette leçon, on applique l'éperon en marchant. Les reprises étant au pas, on apprend aux chevaux à supporter l'éperon sans quitter le pas, et sans jeter les hanches à droite ou à gauche. Si les chevaux se tracassent après l'application de l'éperon, il faut les arrêter et les calmer. A ce point du dressage, on exécute le reculer le plus souvent possible.

Arrêtez les reprises sur les pistes et commandez « *Demi-pirouette !* » (Voir *planche* 12.)

La demi-pirouette est le demi-tour sur les hanches, la pirouette est le cercle entier. (Voir *planche* 13.)

A ce commandement, portez le poids du cheval de l'avant-main sur les hanches et sentez avec la main droite la rêne extérieure du filet (en passant pour cela la main droite par-dessus la gauche si l'on travaille à main droite) ; fléchissez la tête du cheval du côté où vous voulez tourner. (Voir les instructions pour le cercle sur les hanches, page 20).

Au commandement « *Marche !* » portez les deux mains en dedans, appliquez la jambe du dehors pour faire tourner le cheval, et enlevez en même temps l'avant-main du sol en tirant sur les rênes et fermant les jambes. La rêne du dehors du filet sert à maintenir les hanches ; le cheval pivote sur la jambe de derrière du côté vers lequel il tourne. Le tour fait, la main droite, qui avait pris la rêne gauche du filet, reprend la rêne droite. Remettez les chevaux bien droits et calmez-les avant de recommencer la demi-pirouette à l'autre main.

Avant de galoper, formez une seule reprise, mettez en cercle et faites galoper à chaque main, en passant toujours du pas au galop, et du galop au pas, sans permettre au cheval de prendre le trot. Arrêtez ensuite et reculez.

Leçons de flexions comme d'habitude.

SIXIÈME LEÇON (SEPT JOURS).

Répéter les quatrième et cinquième leçons : Reculer ; Éperonner en marchant ; Demi-pirouette. Demi-pirouette renversée. Galoper en deux reprises.

Commencez le travail comme dans la quatrième et la cinquième leçon. Lorsque vous aurez fait une demi-pirouette, arrêtez les reprises sur les grands côtés et commandez : « *Demi-pirouette renversée !* »

La tête du cheval reste placée en dedans, mais le cavalier porte les mains également en dehors, pour porter le poids de ce côté, parce que le cheval pivote sur la jambe extérieure de devant ; fermez légèrement la jambe du dedans sur la sangle pour disposer le cheval à lever la jambe intérieure de devant. Au commandement « *Marche !* »

sentez la rêne du dehors et fermez fortement la jambe du dehors, celle du dedans se contentant de maintenir le cheval dans la main et de l'empêcher de reculer.

Les chevaux ayant été habitués chaque jour à tourner autour de l'avant-main doivent être capables d'exécuter facilement ces demi-pirouettes renversées, qui sont aussi utiles au cavalier, dans une mêlée, que les demi-pirouettes.

Galopez en cercle sur une ou deux reprises. Passez au pas pour changer de main. Reculez fréquemment dans le cours de cette leçon, que vous terminerez comme la précédente.

SEPTIÈME LEÇON (QUINZE JOURS).

Perfectionner les chevaux dans les leçons précédentes. — Changer de pied au galop. — Habituer les chevaux aux bruits de guerre. — Sauts d'obstacles. — Course des têtes, etc.

Dans la dernière quinzaine du dressage, vous perfectionnez les chevaux dans toutes les leçons qui précèdent; faites-les travailler avec calme au galop, changer de pied, etc.

Ayez soin de diminuer la leçon du pas et du trot à mesure que vous allongez celle du galop.

Formez deux reprises et trottez cinq minutes. Donnez ensuite une courte leçon de flexions, et passez au galop qui est à présent l'objet principal.

Je n'ai pas besoin de rappeler à l'instructeur qu'il doit faire exécuter le reculer, l'éperon, les demi-pirouettes et les demi-pirouettes renversées dans le courant de la leçon quand il en trouve l'occasion.

Ne vous lassez point de recommander aux cavaliers de cadencer l'allure du galop. Plus le galop est cadencé, mieux cela vaut. Il faut surtout surveiller les conducteurs. Ne faites jamais conduire les reprises par un cavalier qui ne sache pas rassembler son cheval à toutes les allures, car le travail de toute la reprise se ressent du choix du conducteur.

Surveillez également la position des mains et l'assiette des cavaliers. Un grand défaut, très-fréquent chez les cavaliers militaires, c'est d'avoir la jambe tendue et loin du cheval à partir du genou; exigez donc que les cavaliers aient les jambes près, les coudes descendus, la main basse, le plus bas possible, et à environ trois pouces du corps; la tête haute et les talons bas. Tout cela aide le cheval dans son travail.

Pratiquez l'exercice du sabre, attaque et défense, d'abord au pas jusqu'à ce que les chevaux soient calmes, puis au galop. Si un cheval s'effraie, le cavalier remet le sabre, calme le cheval et recommence.

Exercez au changement de pied.

Bien que j'aie divisé le travail en leçons, en indiquant le sujet de chacune, je laisse beaucoup à faire au jugement de l'instructeur, qui modifiera certaines leçons suivant les dispositions et le caractère des chevaux. L'un demande plus de temps et de persévérance dans les leçons de flexions, un autre dans le reculer; un troisième, mou et paresseux, réclame, avant le temps, l'emploi de l'éperon. L'instructeur en décidera. Quoi qu'il en soit, le temps que j'indique est suffisant pour dresser tout cheval qui n'a pas été complétement abîmé par un mauvais dressage antérieur. Le degré de perfection du dressage dépendra naturellement du cavalier.

SAUT D'OBSTACLES.

Le manége est un mauvais terrain pour apprendre à un jeune cheval à sauter. La barre, avec ses supports, est propre à l'effrayer, et l'emploi de la chambrière, auquel on a souvent recours, quand le cheval arrive sur la barre, lui donne de l'aversion pour cette dernière.

Il faut mettre le cheval à la longe et lui faire sauter la barre sans être monté, pour lui apprendre à lever les jambes et à mesurer la distance. Montez ensuite à cheval. Conduisez les chevaux dans la campagne et faites-leur sauter une haie peu élevée, ou un petit fossé, non pas en allant et revenant sur le même obstacle, ce qui dégoûte les chevaux, mais en franchissant les obstacles dans la direction de l'écurie.

Si l'on a soin de faire sauter le premier un cheval très-franc, peu de jeunes chevaux refuseront de le suivre par-dessus l'obstacle, car en cela comme en toute autre leçon l'exemple est contagieux. Augmentez ensuite progressivement la difficulté des obstacles.

Faites toujours sauter les chevaux sur le filet, et empêchez-les de se presser.

Très-peu de nos officiers de cavalerie seraient arrêtés par une haie, mais ils le doivent moins aux leçons de manége qu'à l'habitude de courir le pays à cheval.

<hr>

Habituer le cheval au feu et aux bruits de guerre, ainsi qu'à rester en place pendant que le cavalier met pied à terre pour faire feu.

Lorsque le cheval est dressé, on l'habitue facilement à supporter tout ce qui l'effrayait avant le dressage.

La première fois que vous le montez en sabre, raccourcissez la petite bélière et roulez la dragonne autour du fourreau pour empêcher le sabre de ballotter et de faire du bruit ; de cette façon, vous habituerez promptement le cheval à supporter le sabre.

Accoutumez progressivement les chevaux dans le manége à supporter le feu, le bruit des tambours, etc.

Lorsque vous faites feu à cheval, tournez la tête du cheval vers l'objet sur lequel vous tirez, et au lieu d'allonger les rênes, avancez la main gauche en l'élevant assez pour y placer le fusil. Le canon doit être en avant et un peu de côté, pour ne pas toucher la tête du cheval ; portez ensuite le haut du corps en avant pour faire feu, en tenant les jambes près et les talons bas, mais sans vous enlever sur les étriers.

Évitez de donner un à-coup à la bouche du cheval, et de l'effrayer en fermant subitement les jambes, soit avant soit après le coup de fusil. Soyez très-calme vous-même, et le cheval suivra votre exemple.

A la petite guerre, il est utile pour un cavalier isolé que son cheval soit dressé à rester en place pendant qu'il met pied à terre pour faire feu.

Pour cela, choisissez un endroit convenable et plantez-y d'avance un piquet muni d'un anneau, mais de manière que le cheval ne puisse apercevoir ce piquet. Rendez-vous ensuite à cheval à l'endroit choisi, mettez pied à terre, passez les rênes par-dessus la tête du cheval, et fixez-en l'extrémité à l'anneau du piquet.

Éloignez-vous ensuite de quelques pas, faites feu, et revenez au cheval avec quelque chose à la main, un morceau de pain ou de sucre, que vous lui donnerez. Repassez les rênes par-dessus l'encolure, montez à cheval et partez. Quelque temps après, revenez au même endroit et recommencez.

Au bout de quelques leçons semblables vous n'aurez pas besoin d'attacher les rênes, qu'il suffira de passer par-dessus la tête et de laisser tomber à terre ; le cheval, croyant être attaché, ne bougera pas.

Changez tous les jours le piquet de place quand vous donnez cette leçon.

EXPLICATION SUCCINCTE DU DRESSAGE

PAR QUESTIONS ET RÉPONSES

POUR L'INSTRUCTION DES SOUS-OFFICIERS ET DES CAVALIERS.

1. *Quand vous montez un jeune cheval, que devez-vous chercher avant tout ?*

— Je dois le décider à se porter en avant.

2. *Et ensuite ?*

— Marcher franchement au pas et au trot.

3. *Pour le rendre obéissant, par où commencez-vous ?*

— Par la tête et l'encolure.

4. *Pourquoi ?*

— Parce que la tête et l'encolure doivent précéder ou commencer tous les mouvements du cheval.

5. *Comment vous y prenez-vous pour cela ?*

— En apprenant au cheval à obéir aux rênes.

6. *Faites-vous cela à pied ou à cheval ?*

— Je commence par les flexions à pied, et je prépare ainsi le cheval à obéir à la main lorsqu'il sera monté.

7. *Que faites-vous ensuite ?*

— J'apprends au cheval à obéir aux jambes.

8. *Comment vous y prenez-vous ?*

— En le faisant tourner autour de l'avant-main, puis autour des hanches.

9. *Le cheval est-il alors suffisamment dressé ?*

— Non, car jusqu'à présent je n'ai fait que rendre séparément obéissantes la tête et l'encolure, les épaules et les hanches, les unes après les autres.

10. *Pour obtenir de bons résultats de ces actes séparés d'obéissance que devez-vous faire ?*

— Je dois savoir les combiner, et faire obéir à la fois toutes les parties du cheval.

11. *Comment y parviendrez-vous ?*

— Je peux placer la tête du cheval (parce qu'il a déjà appris la mise en main) ;

Je peux maintenir droite son arrière-main (parce que, dans le cercle autour des épaules, le cheval a appris à ranger les hanches à droite ou à gauche d'après la pression de la jambe);

Je peux mouvoir l'avant-main (ce que le cheval a appris dans le cercle autour des hanches);

Je peux donc opérer le reculer, ce qui met en jeu les reins du cheval.

12. *Le reculer seul suffit-il pour combiner l'action de l'avant-main et de l'arrière-main ?*

— Pas complétement, il faut encore l'éperon.

13. *Quel est donc l'effet de l'éperon ?*

— Par l'emploi de l'éperon, j'oblige le cheval à mettre en action à la fois la tête et l'encolure, les épaules, les reins et les hanches ; et j'obtiens progressivement une obéissance collective de toutes ces parties de l'animal.

14. *Expliquez-nous comment vous faites ?*

— Je mets le cheval au pas sur la ligne droite, la tête placée, j'approche l'éperon tout près de ses flancs et je le touche d'abord légèrement. Cela donne au cheval une impulsion en avant que j'arrête tranquillement en tenant la main ferme, de sorte que les jambes de derrière, que le cheval a engagées sous lui pour se porter en avant, se trouvent maintenues en place par l'opposition de la main. Je le flatte alors en le caressant, et je rends la main pour lui permettre de continuer à marcher au pas. Je répète ensuite cette leçon jusqu'à ce que le cheval arrive à engager les hanches sous lui à la moindre pression des jambes, à arquer son encolure, de manière à être prêt soit à s'élancer en avant, soit à reculer, soit à tourner à droite ou à gauche.

15. *Mais s'il arrive que le cheval, se sentant piqué par l'éperon, lève immédiatement la tête et vous entraîne ?*

— Cela ne saurait m'arriver, parce que je n'imprimerai pas avec les jambes une impulsion que je ne puisse contenir avec la main. Je commence par le toucher si légèrement de l'éperon et le retenir si doucement, sans remuer ni main ni jambes, que le cheval n'est pas effrayé et n'y fait que peu d'attention, puis j'augmente l'effet par degrés jusqu'à ce que le cheval l'accepte comme nécessaire et comprenne qu'il ne peut l'éviter.

16. *A quel moment savez-vous que le cheval accepte l'éperon comme nécessaire ?*

— Lorsque je sens le cheval si élastique et si léger que je peux à volonté le faire avancer, reculer ou tourner à l'une ou à l'autre main.

17. Comment se fait-il que le cheval ne puisse pas éviter l'éperon?

— Parce que j'ai vaincu progressivement toutes ses résistances, en les attaquant l'une après l'autre, et que je n'ai jamais abordé le n° 2 avant d'avoir triomphé du n° 1.

18. D'après cela, vous vous rendez d'abord maître de l'avant-main, puis des hanches, et vous combinez ensuite leur action au moyen du reculer et de l'éperon. Vous considérez-vous alors comme maître du cheval?

— Oui.

19. Quand vous faites les flexions à droite ou à gauche, soit à pied soit à cheval, est-il suffisant que le cheval mâche son mors?

— Pas tout à fait. Il faut qu'il ouvre la bouche et ne serre pas le mors.

20. Continuez-vous longtemps ces flexions?

— Jusqu'à ce que le cheval cède et ouvre la bouche à la moindre traction des rênes.

21. Dans le reculer, quelle est l'action qui précède, la pression des jambes ou la traction des rênes?

— Je ferme d'abord les jambes, puis je tire sur les rênes.

22. Pourquoi cela?

— Parce qu'il faut déplacer les jambes de derrière avant de porter sur elles le poids du cheval. Si l'on commence par tirer sur les rênes, on jette tout le poids sur l'arrière-main et le cheval ne peut lever les jambes de derrière pour reculer. S'il parvient à en lever une, c'est avec beaucoup de peine, et il retombera dessus plutôt que de reculer, ce qui abîme les jarrets lorsque le mouvement se répète souvent. Au contraire, en fermant les jambes je fais lever au cheval une jambe de derrière, et en tirant alors sur les rênes, j'oblige le cheval à poser cette jambe à terre, mais en arrière au lieu d'en avant. Je ne jette pas le cheval hors de son aplomb, et il peut continuer à marcher en arrière avec aussi peu d'efforts que s'il allait en avant.

23. Les jambes et la main agissent-elles séparément?

— Non, elles doivent constamment s'entr'aider.

24. Quand vous tournez autour de l'avant-main, devez-vous toujours arrêter le cheval?

— Oui. Tant que la jambe presse le flanc du cheval, il cède devant elle; mais dès que la pression cesse, le cheval ne doit plus marcher. Sans cela, le cheval ne cesserait pas de tenir des hanches dès qu'il aurait commencé. Pour empêcher le cheval de prendre cette mauvaise habitude, et en outre pour lui apprendre à se rassembler toutes les fois qu'il sent les jambes, je l'arrête après chaque pas de côté, en fermant la jambe du dedans. En fermant les deux jambes, je le rassemble et le mets dans la main. Je ne lui permets jamais de se presser.

25. *Comment arrêtez-vous un cheval à toute vitesse ?*

— En fermant les deux jambes à la fois et tirant sur les rênes.

26. *Voulez-vous dire par là que vous arrêtez un cheval à toute vitesse au moyen des jambes ?*

— Oui. Le cheval est si bien habitué à engager son arrière-main sous lui à la pression des jambes, qu'il le fait également au grand galop, et je saisis ce moment pour l'arrêter sur place en jetant le corps en arrière et tirant en même temps sur les rênes.

27. *Qu'arriverait-il si vous ne vous serviez pas des jambes ?*

— Si je tirais seulement sur les rênes sans fermer les jambes, le cheval lèverait ou baisserait la tête. Je pourrais, il est vrai, arrêter le cheval à force de bras ; mais il serait entièrement sur les épaules, le nez en l'air, la croupe élevée, les reins voûtés ; je serais en outre projeté sur la selle d'une façon pitoyable, et incapable de rien faire parce que le cheval ne serait pas sous mon contrôle.

Nota. — Au moyen du dressage ci-dessus, on peut, en moins de deux mois, rendre le cheval obéissant, léger à la main, lui donner de la tenue ; — lui apprendre à marcher au pas et au trot franchement, vite et toujours en main ; — à reculer facilement et à appuyer aux deux mains ; — à galoper à chaque main et à changer de pied ; à faire des pirouettes ordinaires et renversées ; — à être enfin un bon cheval de cavalerie.

FIN.

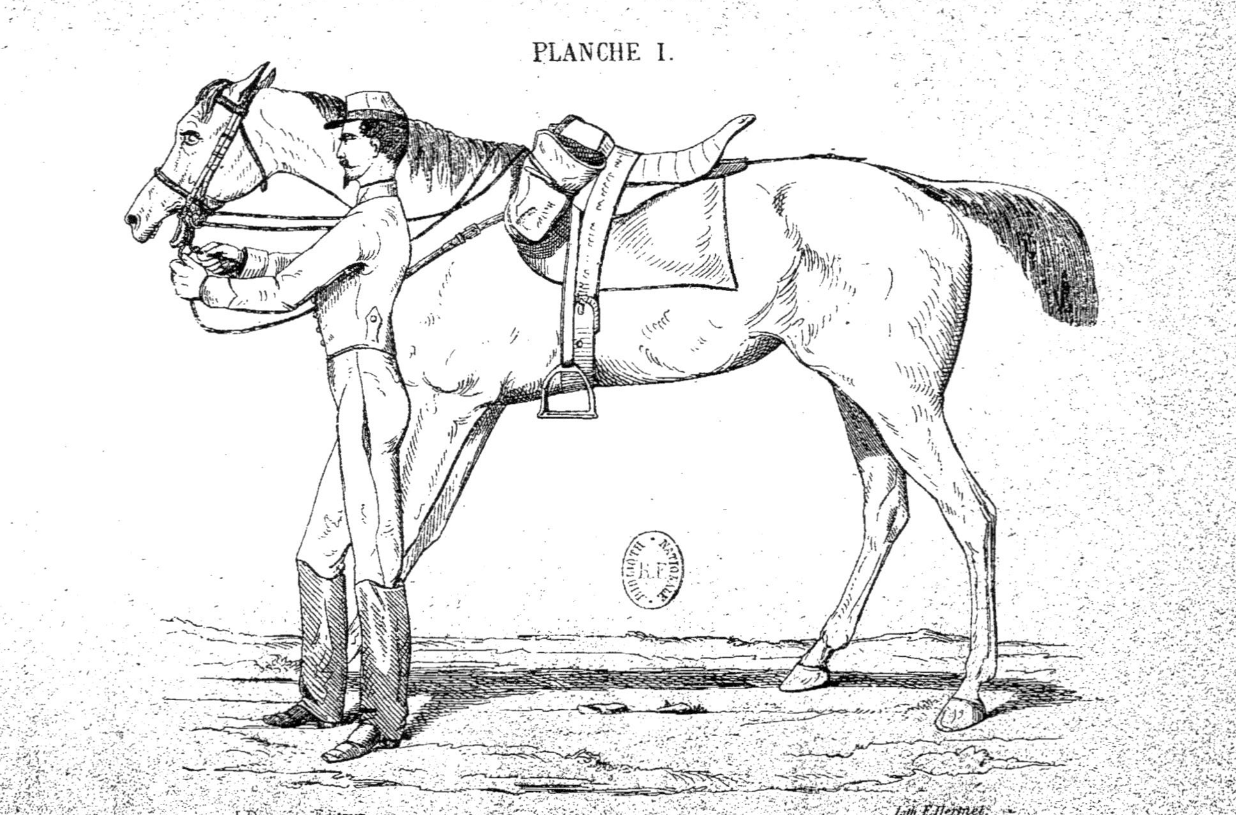

PLANCHE I.
J. Dumaine, Editeur.
Lith. F. Hermet.

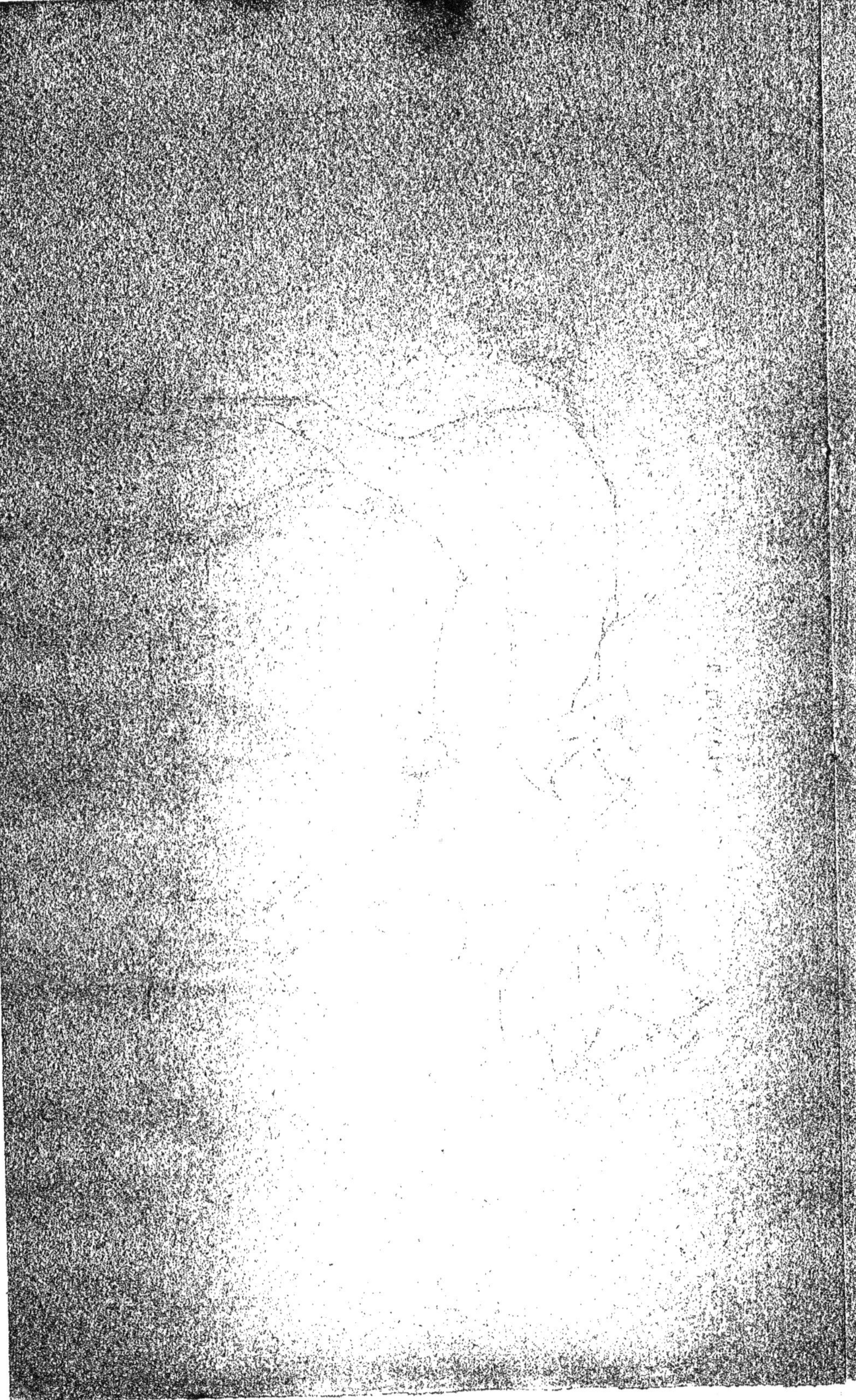

PLANCHE II.

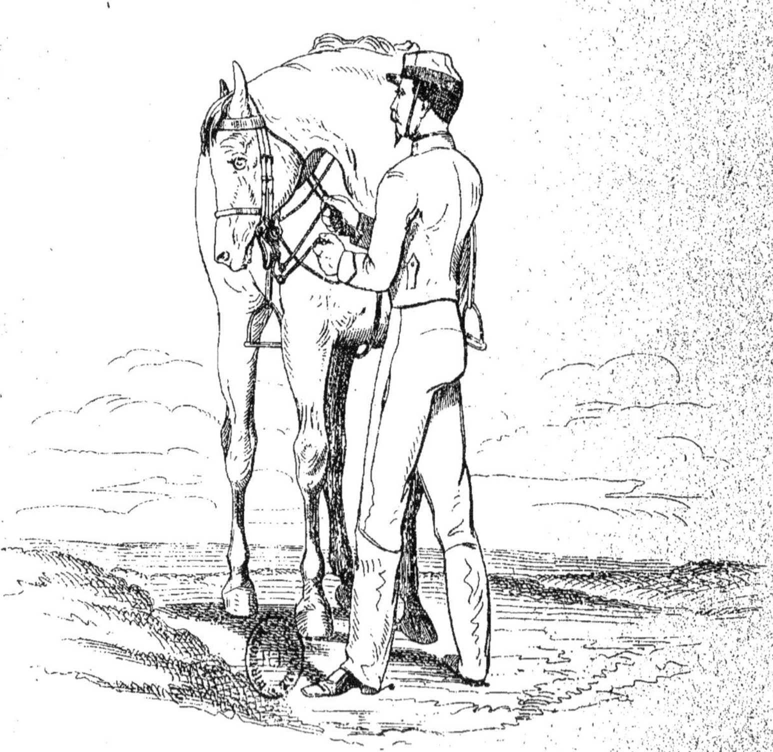

J. Dumaine, Editeur.

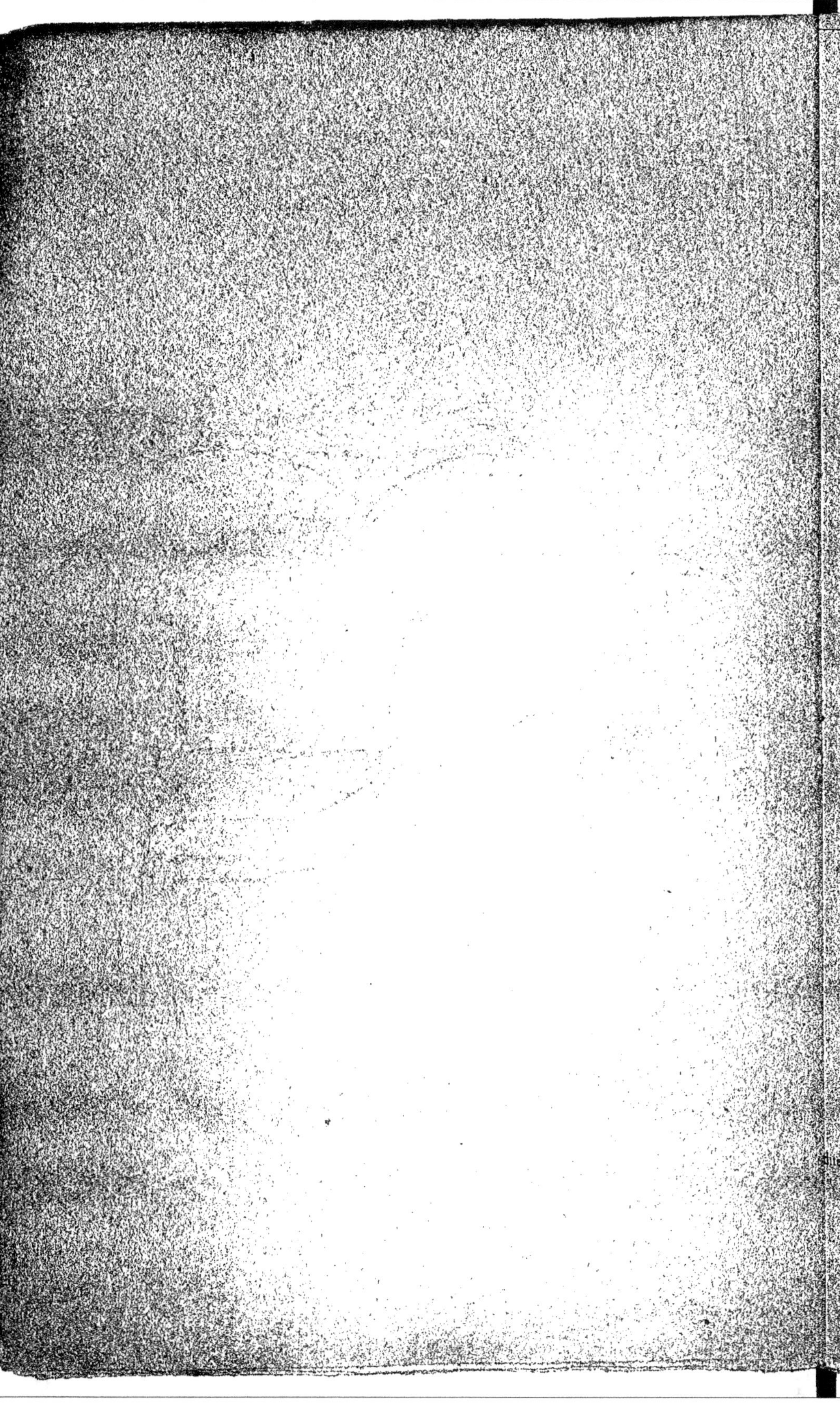

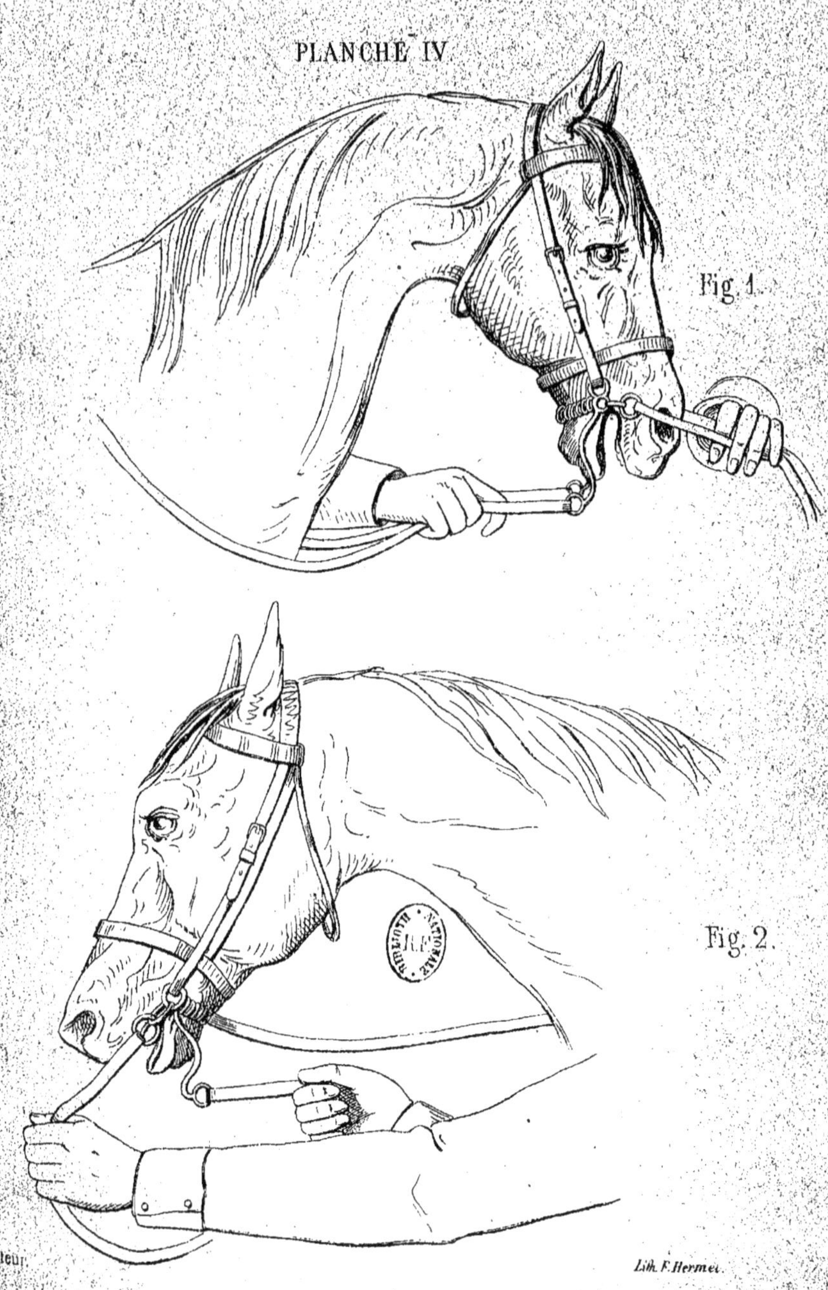

Éditeur.
Lith. F. Hermet.

PLANCHE V.

J. Dumaine, Editeur.   Lith. F. Hermet.

J. Dumaine. Editeur.

Lith. Filhermel

PLANCHE VII.
J. Dumaine, Editeur.
Lith. F. Hermet.

PLANCHE VIII.

J. Dumaine, Editeur.
Lith. F. Hermet.

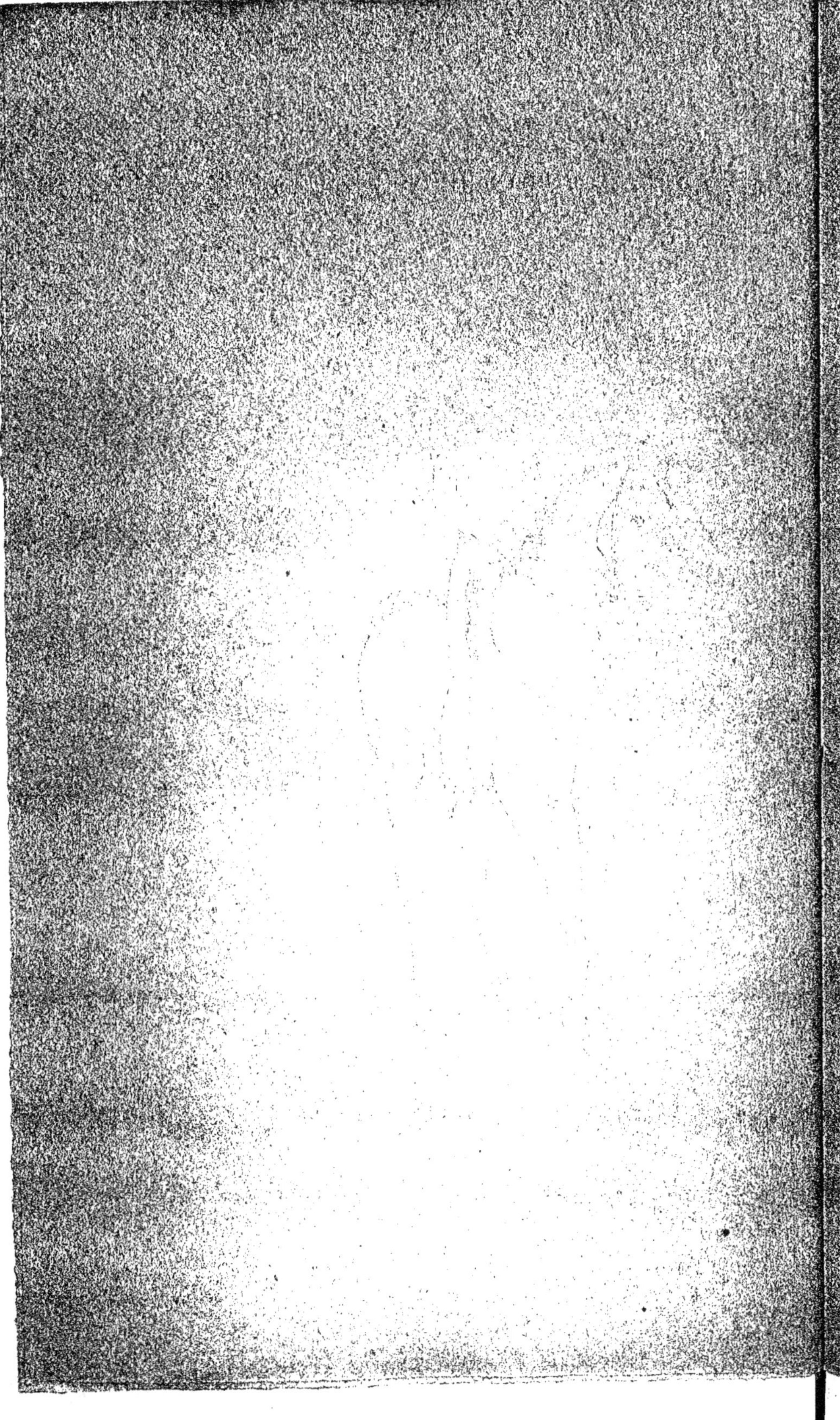

PLANCHE XI

TABLE DES MATIÈRES

Paris —Imprimerie de J. Dumaine, rue Christine, 2.